U0015371

Thinking 045

什麼？！居然有這種動物
牠們的名字怪怪的
Encyclopedia of Strangely Named Animals

作　　者：腓德烈‧柯丁 Fredrik Colting & 瑪莉莎‧梅迪納 Melissa Medina
繪　　者：瓦拉德‧史丹寇維克 Vlad Stankovic
譯　　者：張東君

字畝文化創意有限公司
社　　長：馮季眉
編輯總監：周惠玲
責任編輯：洪　絹
編　　輯：戴鈺娟、陳曉慈、徐子茹
設　　計：Ancy Pi

讀書共和國出版集團
社　　長：郭重興　　　　發行人兼出版總監：曾大福
業務平臺總經理：李雪麗　　業務平臺副總經理：李復民
實體通路協理：林詩富　　網路暨海外通路協理：張鑫峰　　特販通路協理：陳綺瑩
印務經理：黃禮賢　　印務主任：李孟儒

發　　行：遠足文化事業股份有限公司
地　　址：231 新北市新店區民權路 108-2 號 9 樓
電　　話：(02)2218-1417　　　　傳　　真：(02)8667-1065
電子信箱：service@bookrep.com.tw　　網　　址：www.bookrep.com.tw

法律顧問：華洋法律事務所　蘇文生律師
印　　製：中原造像股份有限公司

Encyclopedia of Strangely Named Animals © 2019 by Moppet Books
Published by arrangement with Lennart Sane Agency AB, through The Grayhawk
Agency. Complex Chinese translation rights © 2019, WordField Publishing Ltd.

國家圖書館出版品預行編目(CIP)資料
什麼?!居然有這種動物：牠們的名字有夠奇怪 / 腓德烈.柯丁(Fredrik Colting), 瑪莉
莎.梅迪納(Melissa Medina) 文；瓦拉德.史丹寇維克(Vlad Stankovic)圖；張東君譯
初版.-- 新北市：字畝文化出版：遠足文化發行, 2019.07
面；　公分　譯自：Encyclopedia of strangely named animals
ISBN 978-957-8423-91-6(精裝) 1.動物 2.百科全書　　380.42　　108008741

2019 年 9 月 25 日　初版一刷　　2021 年 4 月　初版三刷　　定價：360 元　　書號：XBTH 0045
ISBN：978-957-8423-91-6

Encyclopedia of
Strangely Named Animals

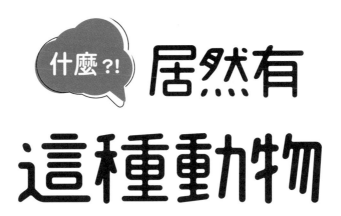

什麼?! 居然有
這種動物

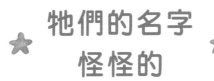
牠們的名字
怪怪的

文 腓德烈‧柯丁　　瑪莉莎‧梅迪納
Fredrik Colting　　Melissa Medina

圖 瓦拉德‧史丹寇維克　譯 張東君
Vlad Stankovic

十五種陸生動物 ，十五個奇怪的名字。
你能依牠們的外型特徵，找到牠們的名字嗎？

6 大猩猩 大猩猩 大猩猩
Gorilla Gorilla Gorilla

菌菇愛好者甲蟲
Pleasing Fungus Beetle

白肚子走開鳥
White-bellied Go-away-bird

鼻子像星星的鼴鼠
Star-nosed Mole

黃肚子吸樹汁的笨蛋
Yellow-bellied Sapsucker

雞龜
Chicken Turtle

14 有刺的龍
Thorny Dragon

暗夜的惡魔
Aye-Aye

瑞斯貝瑞瘋狂螞蟻
Rasberry Crazy Ant

粉紅精靈犰狳
Pink Fairy Armadillo

阿瓜卡達布拉
Agra Cadabra

脖子很多褶的蜥蜴
Frill-necked Lizard

閃光瑪芬
Sparklemuffin

蜂鳥-鷹蛾
Hummingbird Hawk-Moth

鬍子膨膨鳥
Moustached Puffbird

1. Aye-Aye

暗夜裡的惡魔？

其實，牠的中文名字是 **指猴**。

指猴 是原生於馬達加斯加島上的狐猴，因為長相醜陋，島上的村民傳說只要看到指猴就會招來噩運，因此牠被視為暗夜的惡魔。牠的前齒會不斷持續生長，並有一根非常特別的中指。在尋找食物時，牠會邊用指頭敲擊樹幹，邊聽蛆、蟒螬等甲蟲幼蟲的聲音，然後用牙齒在樹上咬出一個洞，再用那根長長的中指把昆蟲撈出來吃。

2. Chicken Turtle

什麼 ?! 雞龜 ?

其實，牠的中文名字是 **澤龜**。

澤龜 是一種分布於美國東南部的淡水龜。牠的腳上有蹼，幫助牠在水中游泳。假如你運氣好，正好遇到牠在不同的水生棲地之間移動的話，就可以在陸地上看到牠。冬天時，牠會在泥中冬眠，壽命可達二十歲。至於牠的英文名字為什麼叫 chicken turtle（雞龜）？欸……並不是因為牠看起來像雞，也不是由於叫聲很像雞鳴，而是，顯然……吃起來的味道像雞肉。沒錯，澤龜湯曾經是美國南方一道很常見的餐點。

3. Yellow-bellied Sapsucker

 黃肚子、吸樹汁的笨蛋？

其實，牠的中文名字是 **黃腹吸汁啄木鳥**。

黃腹吸汁啄木鳥 是一種分布於美國北部和加拿大的啄木鳥。雖然牠的英文名字聽起來很像罵人的話*，但其實那只是單純的描述牠腹部的羽毛是帶點黃色，以及牠最喜歡的食物是樹液而已。跟人類一樣，牠喜歡在樹上打洞，收集楓樹糖漿，不同之處在於黃腹吸汁啄木鳥不是用鑽子打洞，而是用牠的喙部。當然，牠也不會把楓糖漿拿來配鬆餅吃。

*註：（Sap）sucker 是指容易上當或受騙的人，笨蛋。

4. Agra Cadabra

 阿瓜卡達布拉？

其實，牠的中文名字是 **南美長頸步行蟲**。

南美長頸步行蟲 是在南美洲雨林中超過六百種以上的步行蟲之一。牠的體型跟人類大拇指的指甲差不多大，腳上的足部跗節有墊子，讓牠像超級英雄一樣，可以頭下腳上的行走！這種神氣的小甲蟲，最為人知的一招，就是牠會用黏噠噠的腳「噗！」一下跳開、消失不見。

註：agra cadabra 類似念咒語時常說的 abra cadabra。

5. Hummingbird Hawk-Moth

 什麼?! **蜂鳥-鷹蛾?**

其實，牠的中文名字是 **後黃長喙天蛾**。

後黃長喙天蛾 看起來像蜂鳥、聽起來像蜂鳥、甚至連行為都像蜂鳥，實際上卻是一種蛾。牠用看起來像長舌頭，其實是吸管般的口器吸食花蜜。從葡萄牙到日本，都可以看到牠的蹤跡，在美國西南部也出現過。欸，還是說，人們看到的其實是真的蜂鳥……？真是讓人困惑啊。

6. Gorilla Gorilla Gorilla

什麼?! 大猩猩 大猩猩 大猩猩？

其實，牠的中文名字是 **西部低地大猩猩**。

西部低地大猩猩 是西部大猩猩的亞種，棲息在非洲中部的沼澤或雨林中，體型雖然巨大卻很溫和。牠不具領域性，只吃植物和水果，是四種大猩猩之中體型最小的。不過，不要被牠的飲食習慣跟體型給騙了，這些大猩猩的強壯，超乎你的想像。一隻西部低地大猩猩在體力最好的時期，力氣比奧運舉重選手還要強七到八倍。所以，牠更適合叫做：強強強（strong strong strong）啊。

7. Sparklemuffin

 閃光瑪芬？

其實，牠的中文名字是 **澳洲孔雀蜘蛛**。

俗名閃光瑪芬（Sparklemuffin）的 **澳洲孔雀蜘蛛** 是在澳洲發現的一種孔雀蜘蛛。雄性的澳洲孔雀蜘蛛有個彩色的「扇子」，顏色鮮豔到可以用閃亮亮來形容。牠的體型非常迷你（大概跟螞蟻差不多），不過，個子雖然小，展示的舞步卻非常大，因為展現讓對方驚豔的舞蹈，正是牠用來吸引配偶的方式。絕對不要隱藏自己的光芒啊，閃光瑪芬！

8. Rasberry Crazy Ant

 瑞斯貝瑞瘋狂螞蟻？

其實，牠的中文名字是 **黃瘋蟻**。

黃瘋蟻 原生於南美洲，但是現在卻連像德州那麼北方的地方，也能發現其蹤跡。牠的英文名字Rasberry Crazy Ant，來自於牠的活動方式像「瘋了（crazy）」般令人無法預期，以及因為二〇〇二年，首次在德州發現牠的人，名為湯姆‧瑞斯貝瑞（Rasberry）。不知道為什麼，黃瘋蟻很愛咬電線，有時還會因此而觸電。當牠觸電時，會釋放一種氣味，讓其他的黃瘋蟻趕往現場搜尋攻擊者，結果卻讓自己也一起觸電。果真很瘋狂呢！

9. Pleasing Fungus Beetle
 菌菇愛好者甲蟲？

其實，牠的中文名字是 **大蕈蟲**。

全世界一共有超過一千八百種以上的 **大蕈蟲**，分布在世界各地。牠的顏色通常很鮮豔，有橘色、紅色、藍色或黑色的斑紋。從牠的英文名也可以看出，除了很喜歡以長在樹上的蕈類和菇類為食，而且一定都會很有禮貌的說「請」(please)，先問過再吃。

10. Moustached Puffbird

 鬍子膨膨鳥？

其實，牠的中文名字是 **髭ㄗ噴鴷**。

髭噴鴷 生活在哥倫比亞及委內瑞拉。由於牠的羽毛蓬鬆，而且膨起來像是八字鬍，所以才有了這個名字。當牠狩獵的時候，會一動也不動的坐著、靜靜的等候獵物。噴鴷是最安靜的鳥類之一，很擅長埋伏等候。嗯，留著八字鬍、既能穩住不動又很安靜，聽起來就像是性情乖戾、脾氣暴躁的老人啊！

11. White-bellied Go-away-bird

 什麼?! 白肚子走開鳥？

其實，牠的中文名字是 **白腹灰蕉鵑**。

白腹灰蕉鵑 棲息在非洲東部。正如牠的英文名字，牠有著白色的腹部，會在樹與樹之間飛行，並且重複的發出聽起來像「g'away, g'away, g'away（意為「走開、走開、走開」，發音是「鉤呃味、鉤呃味、鉤呃味」）」般的叫聲。嗯……也許牠只是想要獨占各種好吃的莓果，所以叫大家走開。

12. Pink Fairy Armadillo

 粉紅精靈犰狳？

其實，牠的中文名字是 **倭犰狳**。

倭犰狳 棲息在阿根廷中部的砂質平原、沙丘、以及草原上，是體型最小的犰狳。牠的外表是粉紅色的，有伸縮自如的革質外殼，殼下面有一層柔軟如絲的毛、鏟形的尾巴。牠還有很大的爪子，方便牠挖掘地下洞穴，也是少數沒有外耳殼的哺乳類。那麼，牠的英文名字裡為什麼會有「精靈（Fairy）」這個字呢？那是因為牠真的非常罕見，在野外目擊倭犰狳本尊的機率，大概跟看到精靈差不多小吧。

13. Frill-necked Lizard

 脖子很多褶的蜥蜴？

其實，牠的中文名字是 **褶傘蜥**。

褶傘蜥 分布於澳洲北部和新幾內亞，正如牠的名字「neck frill（脖子上的皺褶，由皮膚形成的傘狀構造）」所表示的，牠在受到驚嚇的時候就會把「傘」打開，你可能在電影《侏羅紀公園》中看過類似的動物。褶傘蜥像人類一樣，可以用兩隻腳奔跑。在電影《侏羅紀公園》，你應該也看過人類用雙腳拼命奔跑的畫面！

14. Thorny Dragon

什麼?! # 有刺的龍？

其實，牠的中文名字是 **澳洲魔蜥**。

澳洲魔蜥 是一種分布於澳洲的蜥蜴，壽命可達二十年。牠全身都長滿了刺，保護牠不被掠食者攻擊，而且在身體後方還有一個假的頭。在受到攻擊的時候，牠會把真正的頭放低，露出假頭。非常合理的反應！假如這樣還不夠的話，牠還能把腳放到水裡去喝水呢！看起來，這些傢伙好像除了噴火以外，沒有什麼做不到的。

15. Star-nosed Mole

什麼?! 鼻子像星星的鼴鼠?

其實，牠的中文名字是 **星鼻鼴**。

星鼻鼴 生活在美國東北部以及加拿大的潮濕低地。假如你看到星鼻鼴，你一定會注意到，以星形圍繞在牠鼻子周圍的二十二條粉紅色肉質觸鬚。這些觸鬚上，有超過兩萬五千個感覺接受器，讓星鼻鼴在地底下可以知道該往哪裡去，甚至於可以測知幾公里以外的小型地震！

海洋動物
Sea Creatures

十三種海洋動物，十三個奇怪的名字。
你能依牠們的外型特徵，找到牠們的名字嗎？

○ **牛眼鯛**
Boops Boops

⑱ **荷包蛋水母**
Fried Egg Jellyfish

○ **葉子海裡龍**
Leafy Seadragon

○ **怪物鯊魚**
Goblin Shark

○ **冰淇淋甜筒蟲**
Ice Cream Cone Worm

○ **多刺、吸圓狀物的魚**
Spiny Lumpsucker

○ **海豬**
Sea Pig

○ **流蘇鬚鯊**
Tasselled Wobbegong

○ **紅唇蝙蝠魚**
Red-lipped Batfish

○ **尖酸刻薄的大嘴巴**
Sarcastic Fringehead

㉗ **斑馬章魚**
Wunderpus Photogenicus

○ **條紋睡衣魷魚**
Striped Pajama Squid

○ **水滴魚**
Blobfish

16. Boops Boops

什麼 ?! 牛眼鯛 ?

沒錯，牠的中文名字是 **牛眼鯛**。

牛眼鯛 是棲息在大西洋東部的一種鯛科魚類 。牠的名字來自希臘文的「牛眼」，因為牠大而圓的眼睛，跟乳牛的大眼睛很像。有些牛眼鯛起初是雌性，後來再轉換成為雄性，這可就不是乳牛能辦到的了。

17. Blobfish

什麼?! 水滴魚?

沒錯，牠的中文名字是 **水滴魚**。

水滴魚 棲息在澳洲及紐西蘭周圍的深海中，分布深度可達一千兩百公尺，漂浮在只比海床稍微高一點的地方。水滴魚漂浮的地方，水壓是海平面的六十到一百二十倍，牠之所以能夠在那裡存活，是由於牠的身體基本是凝膠狀物質。在那種水壓之下，不論是誰，看起來都會很像是個水滴啦！你可以試著想像，自己的臉被一千兩百公尺深的水擠壓著，然後去照照鏡子。

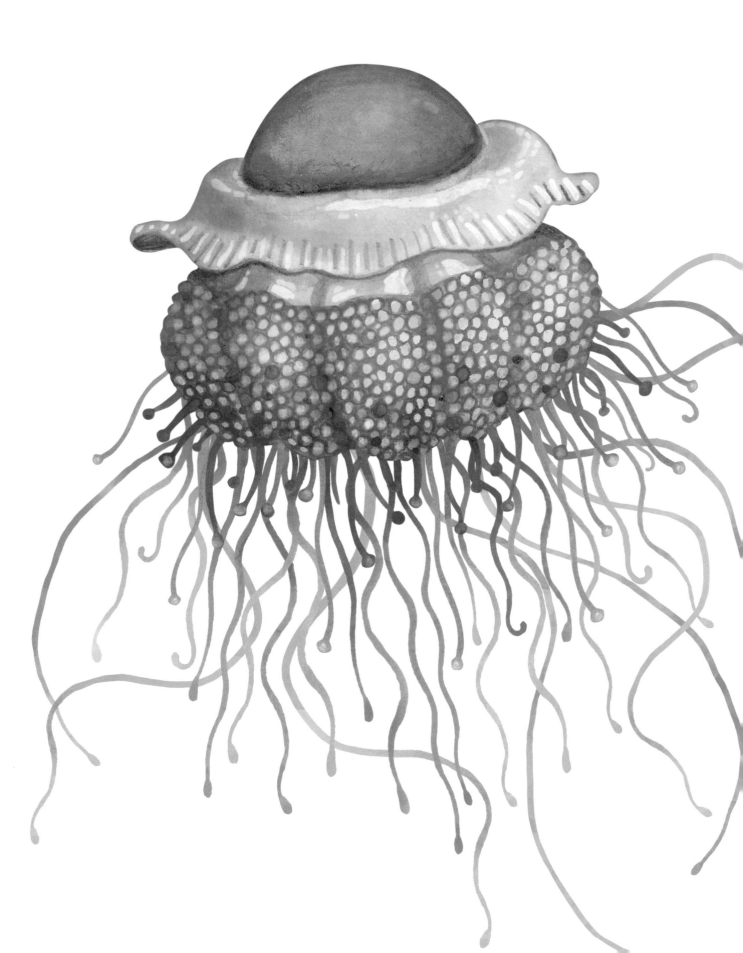

18. Fried Egg Jellyfish

 荷包蛋水母？

沒錯，牠的中文名字是 **荷包蛋水母**。

荷包蛋水母 看起來就像是你會放在早餐三明治中的東西 —— 前提是你吃的三明治要夠大。這種水母看起來就像是個非常巨大的太陽蛋（單面煎荷包蛋），牠的傘狀體（bell）直徑可達六十公分，觸手可達六公尺長。刺絲的螫刺力很弱，所以小型的螃蟹，以及其他海洋動物，就會想辦法占牠的便宜，會在牠的大蛋黃，哦，不，是傘狀體上搭便車。

19. Leafy Seadragon

 葉子海裡龍？

其實，牠的中文名字是 **葉海龍**。

葉海龍 生活在澳洲南方的沿海。之所以有這樣的名字，是由於身上有幫助牠偽裝的葉狀突起。這種龍跟童話故事中的噴火龍不同，牠喜歡單純在海草間漂浮，平靜過日子。牠的葉狀偽裝能夠幫助牠融入周遭環境，不會被其他魚類或是潛在的掠食者打擾。牠還有另一個不像龍的地方，就是雄性的葉海龍會照顧幾百顆由雌性葉海龍產下的粉紅卵，真的是龍界的現代好爸爸啊！

20. Goblin Shark

什麼?! 怪物鯊魚？

其實，牠的中文名字是 **歐氏尖吻鯊**。

歐氏尖吻鯊 棲息在深海中。就像英文名 Goblin 一樣，牠是名符其實的怪物！牠有著獨特的粉紅色皮膚、空洞的眼神、長而扁的吻部、以及如剃刀般銳利牙齒的顎部。牠的長長吻部布滿微小的感覺器官，因此能偵測到附近的獵物。當偵測到獵物時，牠會伸出怪物般的顎部，迅速攫取目標。基本上，你應該不會希望在海裡游泳的時候，身旁有隻歐氏尖吻鯊陪著。話說回來，歐氏尖吻鯊倒是萬聖節扮裝的好點子，但絕對不是一起游泳的夥伴。

21. Ice Cream Cone Worm

 冰淇淋甜筒蟲？

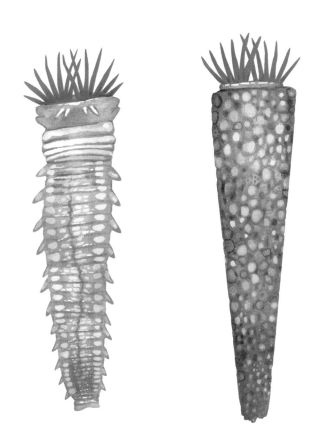

其實，牠的中文名字是 **筆帽蟲**。

筆帽蟲 又名喇叭蟲，大約只有五公分長，在世界各地的淺海水域都找得到牠的蹤跡。這類動物的名字，源自牠們用幾千粒沙子精心打造的錐形殼（中文稱為筆帽，英文則稱為冰淇淋甜筒）。在做好殼之後，牠們會將錐體從頭部開始埋入砂中，然後一輩子都在沙中鑽進鑽出的尋找食物，過程中會邊吃邊拉……欸……沙子。猜猜看，牠們最喜歡哪種口味的冰淇淋？沒錯，就是沙子口味的！

22. Spiny Lumpsucker

 什麼?! 多刺、吸圓狀物的魚？

其實，牠的中文名字是 **眶真圓鰭魚**。

眶真圓鰭魚 是一種跟核桃差不多大的小型魚類，生活在太平洋的冷水區域。牠的特殊腹鰭有吸盤，可以吸附到各種物體上。牠喜歡吸附在各種突起的物體，例如石頭、船隻、或甚至是手指上面。下次在太平洋裡游泳的時候千萬要記住，別讓自己像一團圓鼓鼓的東西，否則很有可能會被眶真圓鰭魚吸住。

23. Sea Pig

 海豬？

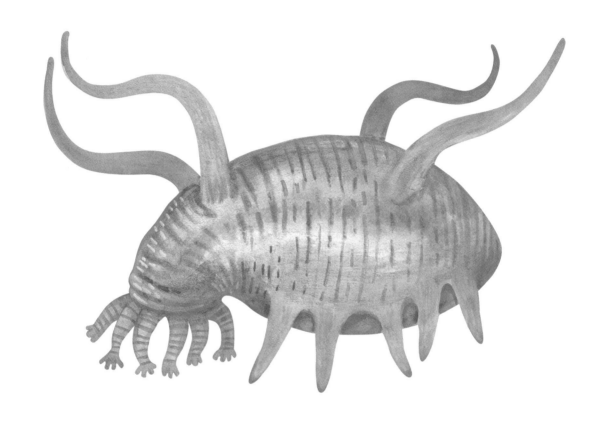

沒錯，牠的中文名字是 **海豬**。

海豬 實際上是一種海參。海參的英文名字是海黃瓜（Sea Cucumber），不過卻跟黃瓜沒關係，而是生活在海床上的一種圓胖動物。雖然牠的粉紅色表皮，以及圓胖體型看起來真的有點像豬，不過牠卻小得能握在手中。在世界各地最冷及最深的海中，都能發現牠用短短小小、軟軟黏黏的腳在海床上走動。就像真正的豬，牠也很喜歡在泥中挖掘，因為那是牠找到最美味食物的方式。哼～哼！

24. Tasselled Wobbegong

 什麼?! 流蘇鬚鯊？

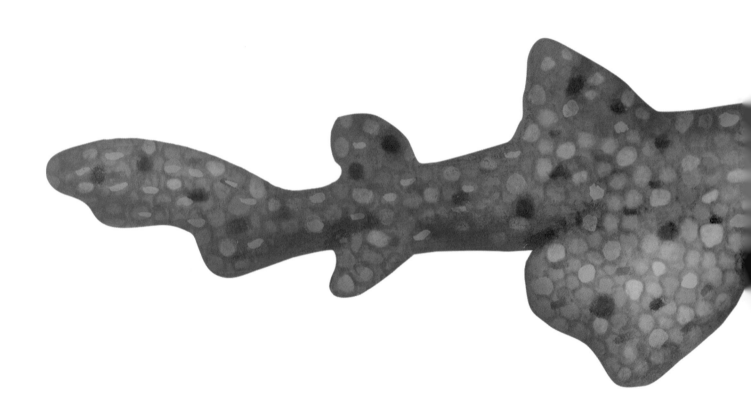

其實，牠的中文名字是 **葉鬚鯊**。

Wobbegong（鬚鯊）這個有趣的名字，是十二種鬚鯊的合稱。鬚鯊之所以被稱為「地毯鯊（carpet shark）」，是因為牠的體型扁平，而且會靠近海床游泳，就像鋪在地上的地毯。**葉鬚鯊** 棲息在澳洲北部的淺海珊瑚礁中。牠的名字的由來，是因為身上華麗圖案可當成很好的偽裝，而且頭部周圍有花邊，就像是滾著流蘇邊的時尚地毯。

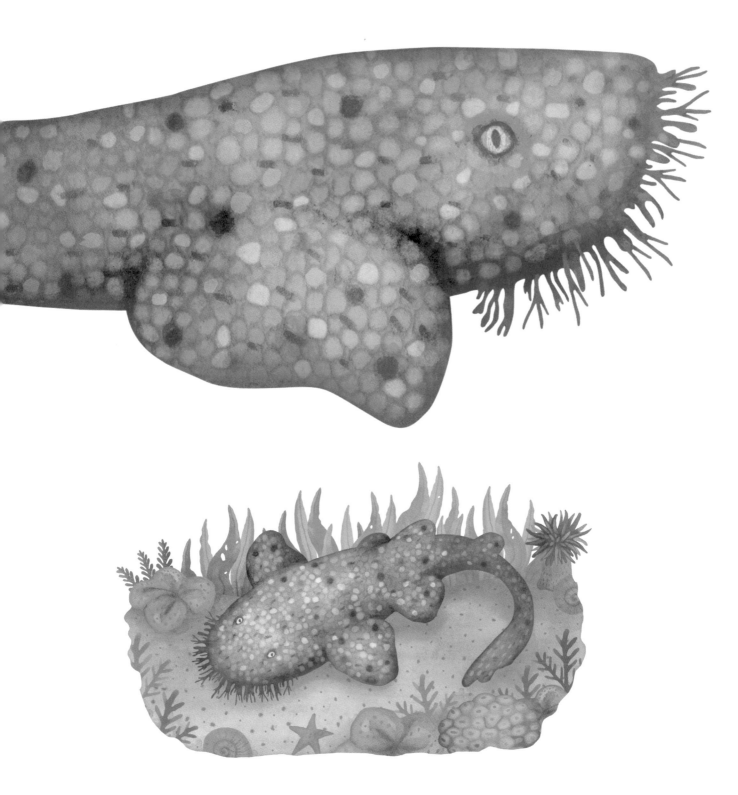

25. Red-lipped Batfish

 紅唇蝙蝠魚？

其實，牠的中文名字是 **達氏蝙蝠魚**。

達氏蝙蝠魚 又稱為紅唇蝙蝠魚，分布於秘魯和以達爾文進化論聞名的厄瓜多加拉巴哥群島周圍的海中。牠不像其他魚類擅長游泳。不過，牠卻能把鰭當成腳來用，在海床上走來走去。魚如其名，分散於牠身體兩側的鰭，看起來有點像蝙蝠翅膀。此外，牠還有著鮮紅色的嘴唇，看起來就像老是噘著嘴一樣。假如你是條魚卻不會游泳，嘟嘟嘴總會吧！

26. Sarcastic Fringehead

什麼?! 尖酸刻薄的大嘴巴？

其實，牠的中文名字是 **勃氏新熱鳚**。

勃氏新熱鳚 是一種有大大嘴巴的小魚，以美國加州海岸的貝類空殼為家。當兩隻勃氏新熱鳚，進行貝殼領域爭奪戰時，解決方式就是把自己的大嘴巴，壓在另一隻魚的嘴上。就像那些愛挖苦別人的人一樣，嘴巴夠大就會贏。

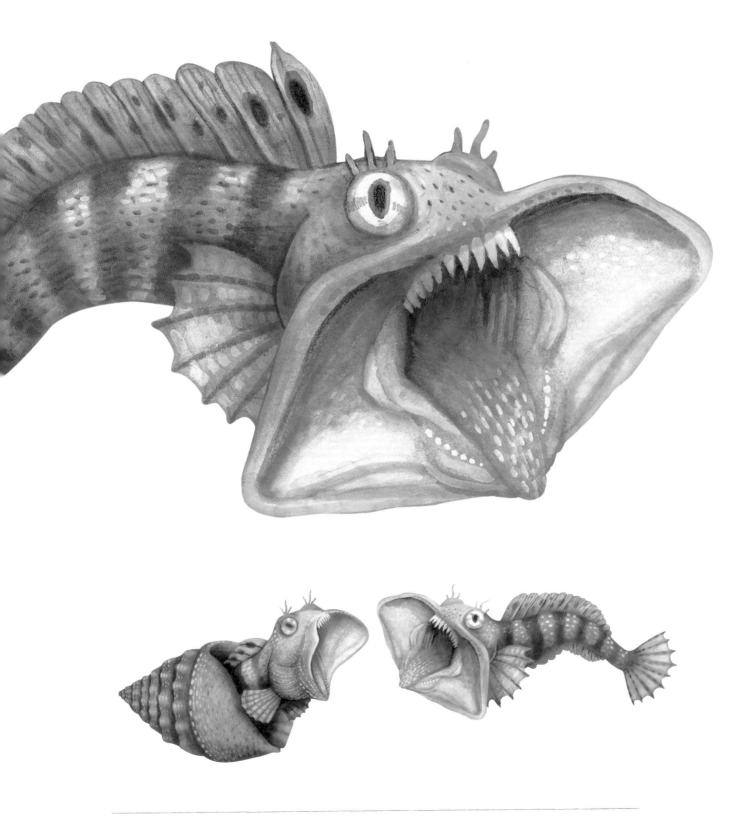

27. Wunderpus Photogenicus

什麼?! **斑馬章魚?**

沒錯，牠的中文名字是 **斑馬章魚**。

斑馬章魚 生活在峇里島及菲律賓周圍淺水區域。長長的觸手以及華麗的斑紋，讓牠非常的搶眼。就跟大多數的章魚一樣，斑馬章魚能夠改變自身的顏色來吸引獵物，或是把自己隱藏起來避免被吃掉。萬一被抓住，牠還可以自斷一根觸手來逃命，因為觸手能夠再生。牠真的稱得上是「超級章魚英雄」！

28. Striped Pajama Squid

什麼?!

條紋睡衣魷魚？

沒錯，牠的中文名字是 **條紋睡衣魷魚**。

小小的 **條紋睡衣魷魚** 棲息在澳洲南部海岸的淺水區，最多只能長到五公分長。當牠受到威脅時，會改變顏色並且產生有毒的黏液，將自己膨脹至原本體型的好幾倍大。牠也是偽裝大師，在白天時會把自己埋在沙子裡，只露出黃色的眼睛，晚上才出現去捕食小蝦。也許，這就是牠總是穿著睡衣的原因？

附錄

動物的俗名，通常是因為牠們的外型、叫聲、還是發現牠們的人而命名。除了俗名，牠們另外還有正式的名字，也就是拉丁文的學名（科學名稱）。

指猴 *Daubentonia madagascariensis*

澤龜 *Deirochelys reticularia*

黃腹吸汁啄木鳥 *Sphyrapicus varius*

南美長頸步行蟲 *Agra cadabra*

後黃長喙天蛾 *Macroglossum stellatarum*

西部低地大猩猩 *Gorilla gorilla gorilla*

澳洲孔雀蜘蛛 *Maratus jactatus*

黃瘋蟻 *Nylanderia fulva*

大蕈蟲 *Erotylidae*

髭噴鴷 *Malacoptila mystacalis*

白腹灰蕉鵑 *Corythaixoides leucogaster*

倭犰狳 *Chlamyphorus truncatus*

褶傘蜥 *Chlamydosaurus kingii*

澳洲魔蜥 *Moloch horridus*